CUERPOS DE AGUA

CANALES

Un libro de Las Raíces de Crabtree

DOUGLAS BENDER
Traducción de Pablo de la Vega

CRABTREE
Publishing Company
www.crabtreebooks.com

Apoyos de la escuela a los hogares para cuidadores y maestros

Este libro ayuda a los niños en su desarrollo al permitirles practicar la lectura. Abajo están algunas preguntas guía para ayudar al lector a fortalecer sus habilidades de comprensión. En rojo hay algunas opciones de respuesta.

Antes de leer:

- ¿De qué pienso que trata este libro?
  - *Pienso que este libro es sobre el agua y los canales.*
  - *Pienso que este libro es sobre cómo la gente usa los canales.*
- ¿Qué quiero aprender sobre este tema?
  - *Quiero aprender qué es un canal.*
  - *Quiero aprender por qué la gente construye canales.*

Durante la lectura:

- Me pregunto por qué...
  - *Me pregunto por qué los canales tienen diques.*
  - *Me pregunto por qué las embarcaciones usan los canales.*
- ¿Qué he aprendido hasta ahora?
  - *Aprendí que los canales ayudan a que el agua llegue a ciudades y granjas.*
  - *Aprendí que las personas son quienes construyen los canales.*

Después de leer:

- ¿Qué detalles aprendí de este tema?
  - *Aprendí que los canales ayudan a conectar cuerpos de agua.*
  - *Aprendí que algunas ciudades están construidas lejos del agua.*
- Lee el libro una vez más y busca las palabras del vocabulario.
  - *Veo la palabra **canal** en la página 3 y la palabra **diques** en la página 10. Las demás palabras del vocabulario están en la página 14.*

Este es un **canal**.

Los canales son construidos por personas.

Muchos canales
llevan agua a
las **ciudades**.

Algunos canales llevan agua a las granjas.

Algunos canales tienen **diques**.

¡En la mayoría de los canales pueden navega embarcaciones!

Lista de palabras

Palabras de uso común

a
agua
algunos
de
embarcaciones
en
es
este
granjas
las
los
muchos
son
un

Palabras para conocer

canal

ciudades

diques

37 palabras

Este es un **canal**.

Los canales son construidos por personas.

Muchos canales llevan agua a las **ciudades**.

Algunos canales llevan agua a las granjas.

Algunos canales tienen **diques**.

¡En la mayoría de los canales pueden navegar embarcaciones!

CRABTREE
Publishing Company

Written by: Douglas Bender
Designed by: Rhea Wallace
Series Development: James Earley
Proofreader: Janine Deschenes
Educational Consultant:
Marie Lemke M.Ed.
Translation to Spanish:
Pablo de la Vega
Spanish-language layout and
proofread: Base Tres
Print and production coordinator:
Katherine Berti

CUERPOS DE AGUA

CANALES

Photographs:
Shutterstock: Solarisys: cover; Mikhail Starodubuv: p. 1; tetiana_u: p. 3, 14; Chockdee Permploysiri: p. 5, 14; RatFace: p. 6; Anton Havelaar: p. 8-9; Frank Legros: p. 11, 14; JaySi: p. 13

Library and Archives Canada Cataloguing in Publication

Title: Canales / Douglas Bender ; traducción de Pablo de la Vega.
Other titles: Canals. Spanish
Names: Bender, Douglas, 1992- author. | Vega, Pablo de la, translator.
Description: Series statement: Cuerpos de agua | Translation of: Canals. | "Un libro de las raíces de Crabtree". | Text in Spanish.
Identifiers: Canadiana (print) 20210231009 | Canadiana (ebook) 20210231017 | ISBN 9781039614291 (hardcover) | ISBN 9781039614352 (softcover) | ISBN 9781039614413 (HTML) | ISBN 9781039614475 (EPUB) | ISBN 9781039614536 (read-along ebook)
Subjects: LCSH: Canals—Juvenile literature.
Classification: LCC HE526 .B4618 2022 | DDC j386/.4—dc23

Library of Congress Cataloging-in-Publication Data

Available at the Library of Congress

Crabtree Publishing Company

www.crabtreebooks.com 1-800-387-7650

Printed in the U.S.A./072021/CG20210514

Published in the United States
Crabtree Publishing
347 Fifth Avenue, Suite 1402-145
New York, NY, 10016

Published in Canada
Crabtree Publishing
616 Welland Ave.
St. Catharines, ON, L2M 5V6